云南名特药材种植技术丛书

砂仁

Sharen

《云南名特药材种植技术丛书》编委会 编

云南出版集团公司
云南科技出版社
·昆 明·

图书在版编目（CIP）数据

砂仁 / 云南科技出版社编委会主编. -- 昆明：
云南科技出版社, 2018.4（2021.3重印）
（云南名特药材种植技术丛书）
ISBN 978-7-5587-1304-0

Ⅰ.①砂… Ⅱ.①云… Ⅲ.①砂仁－栽培技术 Ⅳ.
①S567.1
中国版本图书馆CIP数据核字(2018)第079809号

责任编辑：唐坤红
李凌雁
洪丽春
封面设计：余仲勋
责任校对：张舒园
责任印制：翟　苑

云南出版集团公司
云南科技出版社出版发行
（昆明市环城西路609号云南新闻出版大楼　邮政编码：650034）
云南灵彩印务包装有限公司印刷　全国新华书店经销
开本：850mm × 1168mm　1/32　印张：2　字数：50千字
2018年6月第1版　2021年3月第5次印刷
定价：18.00元

《云南名特药材种植技术丛书》编委会

本册编者：杨成金　王　平　林亚蒙
　　　　　汉会勋　王浩丞　陈晓虹
　　　　　赵　仁

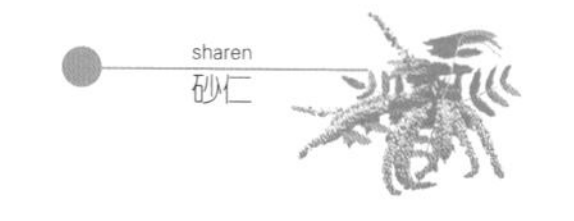

序

彩云之南自然环境多样，地理气候独特，孕育着丰富多样的天然药物资源，“药材之乡”的美誉享誉国内外。

云药资源优势转变为产业优势的发展特色突出，亦带动了生物产业的不断壮大。当下，野生药用资源日渐紧缺，采用人工繁育种植方式来满足医疗保健及产业可持续发展大势所趋。丛书选择了天麻、灯盏细辛、当归、石斛、木香、秦艽、续断等云南名特药材，特别是目前野生资源紧缺，市场需求较大的常用品种，以种植技术和优质种源为重点内容加以介绍，汇集种植生产第一线药农的实践经验，病虫害防治方法等，凝聚了科研人员的研究成果。该书采用浅显的语言进行了论述，通俗易懂。云南中医药学会名特药材种植专业委员会编辑成的该套丛书，对于云南中药材规范化、规模化种植具有一定指导意义，为改善和提高山区少数民族群众收入提供了一条重要的技术途径。愿本套丛书能够对推动我省中药种植生产事业发展有所收益，此序。

云南中医药学会名特药材种植专业委员会

名誉会长 [signature]

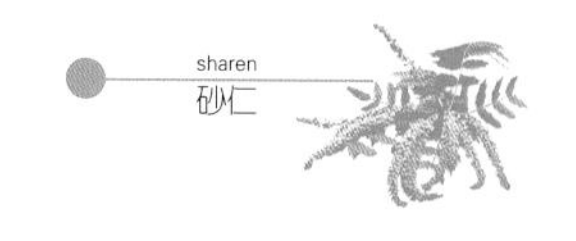

前 言

绿色经济强省，生物资源是支撑。保持资源的可持续发展，是生态文明建设的前瞻性工作。云南省委、省政府历来高度重视生物医药发展，将生物医药产业作为云南特色支柱产业来重点发展。中药材种植是生物医药产业发展的源头，有言道："好山好水出好药""药材好，药才好"……因地制宜，严格按照国家有关法规和科学技术指导规范种植，方能产出优质药材。基于云南生物资源开发现状考量，云南省中医药学会名特药材种植专业委员会汇集了云南药物研究所、云南农业科学院药用植物研究所、云南中医学院、云南农业大学等单位的专家学者，整理并撰写了目前在云南省中药材种植生产中有一定基础与规模的20个品种中药材的种植技术，编辑出版本丛书，较大程度地适应了各地中药材种植发展的迫切需要。

云南地处北纬21°～29°，纬度较低，北回归线从南部通过，全年接受太阳辐射光热多，热量丰富；加之北高南低的地势，南部地区气温高积温多，北部地区气温低积温少；南北走向的山脉河谷，有利于南方湿热气流的深入，使南方热带动植物沿河谷北上。北部山脉又阻挡了西伯利亚寒冷气流的侵袭，北方的寒温带动植物沿山脊南下伸展。东面湿热地区的动植物又沿金沙江河谷和贵州高原进入，造成河谷地区炎热、坝区温暖、山区寒冷等特点。远离海洋不受台风的影响，大部分地区热量充足，雨量充沛。多种类型的气候生态环境，造就了云南自然风光无限，物奇候异，由此被人们美称为“植物王国”。

云南中草药资源十分丰富，药用植物种数居全国第一，在中药材种植方面也曾创造了多个全国第一。目前云南的中药材种植产业承担了云南全省乃至全国大部分中医药产品的原料供给。跨越式发展中药材种植产业方兴未艾，适应生物医药产业的可持续发展趋势尤显，丛书出版正当时宜。

本书编写时间仓促，编撰人员水平有限，疏漏错误之处，希望读者给予批评指正。

云南省中医药学会

名特药材种植专业委员会

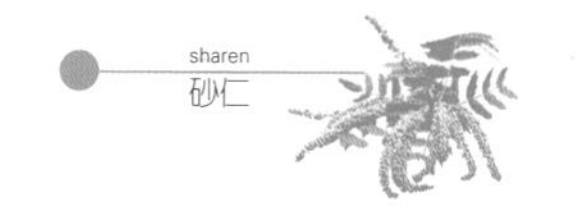

目录

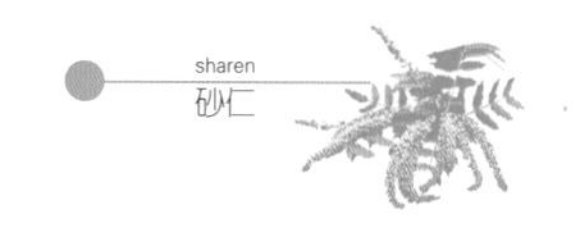

第一章　概述

砂仁为姜科豆蔻属阳春砂仁（*Amomum villosum* Lour.）、绿壳砂仁（*A. xanthioides* Wall）、海南砂仁（*A. iongiligulare* Lour.）的干燥成熟果实。是常用中药，以干燥成熟果实入药或食用，具有化湿开胃、温脾止泻、理气安胎等功效，为醒脾调胃要药，临床应用较为广泛。云南北亚热带气候区以产绿壳砂仁为主，阳春砂仁原产地于广东阳春县，中国医学科学院药用植物研究所云南分所于1963年从原产地引入云南。首先在景洪市基诺族聚居地小勐养镇试验种植获得成功，逐步在西双版纳地区推广种植，现已推广到德宏、普洱、红河、文山、临沧等州、市约20多个县的热区种植。2017年全省阳春砂仁栽培面积30万亩左右，占全国阳春砂仁种植总面积、产量的78.95%、80%左右，质量得到全国同行的认可，成为云南热区的地道药

图1–1　砂仁商品

材。但也存在植株老化，产量下降，市场价格大幅上升等情况，最近几年，随着国家对生物产业的重视，中医药康复保健事业的快速发展，人们开始重视阳春砂仁的科学种植，提高产量与质量得到应有重视，云南有关地区也掀起了阳春砂仁科学种植的小高潮。为充分发挥云南气候资源优势，配合各地阳春砂仁科学种植热情，我们结合各地种植繁育技术经验，特编写本册以适应云南地道药材的生产发展。

一、历史沿革

砂仁在我国已有1300多年的应用历史，是中医用药配方，中药生产的常用药。据1985年《全国中成药产品目录》统计，以砂仁为主要原料的中成药大约有104种之多，如：保济丸、胃肠宁（胶囊、片、颗粒）、定坤丹、参苓白术散、香砂养胃丸、香砂六君丸、人参健脾丸（胶囊、片）、追风丸、当归调经丸（片）、国公酒等。此外，砂仁还是食品香料行业的重要原料，被国家列入了既是药品又是食品的名录，其用途较为广泛，全国每年需要量250万kg左右。20世纪60年代以前，我国所需砂仁90%依靠国外进口。20世纪60年代初，国家六部委联合发布“加强南药生产、减少进口”的通知后，我国南方，福建、广东、广西、云南积极响应。20世纪60年代，云南省药材公司和西双版纳州三县医药公司进行了阳春砂仁种植的产业推广，在西双版纳州三县推广种

植了10万亩砂仁，年产量近60万kg。20世纪70年代后，红河州、思茅地区、德宏州、文山州也加大了砂仁的种植，现在全省砂仁面积约30万余亩，产量100万kg左右。近年来，据有关资料显示，云南砂仁产量已超过广东，品质也很优越，是云南可以大力培育发展的地道药材。

二、资源情况

砂仁类药材的植物种类繁多，就目前形成商品广泛使用、地方及民间使用的种类，包括姜科Zingiberaceae豆蔻属*Amomum*植物21种，山姜属*Alpini*植物16种。药典收载3种阳春砂仁、绿壳砂仁、海南砂仁。阳春砂仁

图1–2　砂仁生态环境（图1）

的主产区位于广东省阳春市、云南省西双版纳及周边东南亚国家。20世纪60年代，云南、广西、福建、海南等省区相继引种栽培。目前种植、产量以云南、广西、广东为主，福建次之，海南甚微。广东省阳春砂仁主要分布在阳春市、信宜市、高州县、广宁县等地，其中以阳春市所产砂仁最著名，称为地道南药砂仁。广西省阳春砂仁主要分布在宁明县、隆安县、防城港市、百色市、藤县、榕县等地。福建省阳春砂仁主要分布于漳州长泰县，习称“长泰砂仁”。云南阳春砂仁主要分布在西双版纳、德宏、普洱、红河、文山、临沧等州市，其中以西双版纳州种植最多，年产量可占全国的60%以上，为我国最大的阳春砂仁种植基地。

绿壳砂仁为云南重要药材产品，20世纪80年代以前，景洪、勐腊、勐海、耿马、沧源、富宁等地有大量野生资源，但后来被大量砍伐，1998年调查时，已难寻野生绿壳砂仁，现逐步恢复。现在市场上的绿壳砂仁多来自东南亚，如缅甸、泰国、越南、老挝等地。另外广东广宁地区及广西凭祥有少量绿壳砂仁分布。

阳春砂仁存在种内变异情况。种内变异使栽培群体中出现新类型，经过人工选择、培育，可以选育出新品系，但同时种内变异也可使栽培群体混杂、退化。目前大部分产区砂仁产量较低，病害发生严重，这与砂仁种质混杂和品种退化有一定的关联。砂仁标准化和产业化的种植发展迫切需要我们今后加强砂仁种质资源的收集、整理和保护工作，并尽快对现有种质资源进行品质、抗病和抗逆性的鉴定与评价，为阳春砂仁种质创新与新品种培育奠定基础，以加速优异种质在生产上的应用。

三、分布情况

阳春砂仁主要分布于广东、云南、广西、福建。主产地区为：广东阳春、信宜、高州、广宁、封开、新兴，云南勐腊、勐海、景洪、马关、绿春、思茅、勐连、芒市、瑞丽，广西武鸣、防城、隆安、百色、灵山、扶绥，福建长泰、永春、同安。

图1–3　砂仁生态环境（图2）

阳春砂仁是我国特有品种，质量优于绿壳砂仁、海南砂仁。《中国药学大辞典》记载："阳春砂仁饱满坚实，气微芳烈"，"阳春砂仁产于广东阳春县为最，以蟠龙山为第一"。阳春县记载："密产蟠龙特色夸，医林珍品重春砂"。自1980年以来，云南省阳春砂仁生产发展迅速，果大，饱满，气味芳烈，因生态环境优于广东，授粉昆虫种类繁多，坐果率高，无须人工授粉，产量已超越广东。

绿壳砂仁：原名缩砂密，西砂仁，始载于唐代《本草拾遗》。宋代掌禹《药性本草》："缩砂密出波斯国，味苦辛"，《海药本草》："缩砂密生西海及西戎等地，波斯国诸国多以安东道来"，说明我国早期使用的砂仁是从国外进口，多从伊朗、缅甸、越南、柬埔寨、泰国、印尼进口。20世纪50年代，在云南与老挝、缅甸接壤地区发现了野生绿壳砂仁，但产量少；20世纪60年代后被逐渐推广的阳春砂仁所取代。

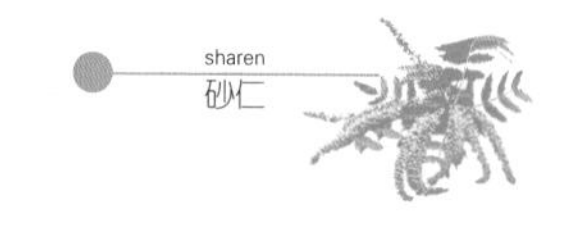

第二章　分类及形态特征

一、植物形态特征

本品为豆蔻属植物，其植物形态特征是，多年生草本，根茎延长而匍匐状，茎基部略膨大呈球形。叶片长圆状披针形、长圆形或线形。叶舌不裂或顶端开裂，具长鞘。穗状花序由根茎抽出，生于常密生覆瓦状鳞片的花葶上；苞片覆瓦状排列，内有少花或多花，小苞片管状；花萼圆筒状，常一侧深裂，顶端具3齿，花冠管圆筒形，常与花萼管等长或稍短，后方的一片直立，常较两侧为宽；雄蕊和花丝一般长而宽，药室平行，基部叉开。常密生短毛；子房3室，胚珠多数，多角形，二列；花柱丝状，柱头小，常为漏斗状，顶端常有缘毛。蒴果不裂或不规则地开裂，果皮光滑，具翅或柔刺，种子有辛香味，多角形或椭圆形，基部为假种皮所包藏，假种皮膜质或肉质，顶端撕裂状。

本属砂仁与常见混伪品挥发油中所含的主要成分差别较大，阳春砂仁挥发油中主成分为乙酸龙脑酯，而常见混伪品长序砂仁、印度砂仁、小豆蔻、爪哇白豆蔻主成分分别为樟脑、油酸、松油醇、桉油醇等，主成分的不同导致了砂仁类药材质量参差不一，因此对各类砂仁一定要加以区分。同时应该指出：砂仁混淆品在民间都具有一定的医疗药用价值。有些还是我国常用中药，如草果、草豆蔻、姜等。这些药材应以自己的品名入药，在避免充当砂仁入药的同时，在应用上也值得进一步研究开发。

（一）阳春砂仁

为姜科（Zingiberaceae）豆蔻属，多年生常绿草本植物。株高1.5~3m，根茎圆柱，匍匐茎上有节，节上具筒状膜质棕色鳞片。茎直立，无分枝。叶二列状，叶片披针形，长20~30cm，宽3~7cm；中脉明显，两侧有多数致密、平行的羽状脉斜向上伸出；顶端具尾状细尖头，基部近圆形，无柄，叶上可见少数凹陷的方格状网纹；叶舌长3~5mm，棕红色（是阳春砂仁特征之一），顶端平或微凹。

花：两性，两侧对称，穗状花序。自匍匐茎抽出，总花柄长4~6cm，上披鳞片状鞘，小苞片管状长约1.3cm，膜质褐色，花萼管长1.7~2cm，白色顶三齿裂，花冠长约1.8cm。花冠裂片倒卵状长圆形，长约1.6cm，宽约7cm，白色，唇瓣十分显著，圆匙形，宽约1.6cm。顶端具突出，二裂，反卷，黄色的小尖头，中肋突出，黄色嵌紫红斑，余白色，侧生退化雄蕊在唇瓣基部两侧，仅存遗迹，为两个紫红色的痂状斑。发育雄蕊1枚，花丝长约5mm，宽约2mm，向中线前弯曲，使长约6mm

图2-1 阳春砂仁新鲜果实

图2-2 阳春砂仁果序着生情况

的花药室紧贴在圆匙形的唇瓣中央。药隔附属体三裂，中央裂片半圆形而反卷，高约3mm，宽约4mm，两边具宽2mm的耳。雌蕊柱头近球形，嵌于药隔顶，花柱细长，柱头高于花药，顶端有一半圆形的下凹小孔，子房下位三室球形，有细毛。

果：为不开裂蒴果，椭圆形，直径1.5～2.5cm。果皮具细密的软刺，紫红色（阳春砂仁特征之二），干时卵圆形，褐色。种子集结成团，具三钝棱中有白色隔膜，将种子分成三瓣，每瓣种子5～26粒（云南所产阳春砂仁每瓣种子达32粒）。种子为不规则多面体，直径2～3mm，表面棕红色或褐色。

（二）绿壳砂仁

又名缩砂密、西砂仁、青壳砂。植株较阳春砂仁高，可达3米，叶舌绿色，鲜果成熟时呈青绿色，果刺基略宽，这是绿壳砂仁的特征。

图2-3　绿壳砂仁新鲜果实

图2-4　绿壳砂仁果序着生情况

图2-5　绿壳砂仁果（半成品）

（三）海南砂仁

又名长舌砂仁，果小于阳春砂仁及绿壳砂仁，叶舌较阳春砂仁、绿壳砂仁宽，可达2～3cm。

二、植物分类检索

从目前我们掌握的资料看，《药典》收载的砂仁品种为姜科豆蔻属植物，本属植物云南主要有阳春砂仁、绿壳砂仁、矮砂仁、红壳砂仁、海南砂仁等多种植物，结合中国植物志对本属植物的描述，我们编制了下表来简要区分。

表2-1

检索号	描述	名称
1	花序生于根茎花葶上发出，蒴果具翅或柔刺或纵线条	豆蔻属
2	果皮具柔刺	
3	叶两面均被柔毛	红壳砂仁
3	叶两面无毛或仅叶背微毛	

图2-6 长序砂仁

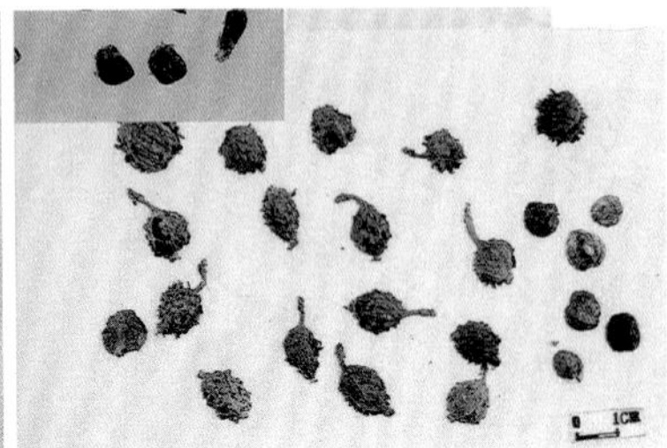

图2-7 红壳砂仁

续表2-1

检索号	描述	名称
4	叶舌披针形，长2～4.5cm	海南砂仁
4	叶舌近圆形，长1cm以下	
5	叶鞘具深陷的方格状网纹，叶舌紫红色	海南假砂仁
5	叶鞘具纵条纹或略有方格状网纹，叶舌绿色	
6	果实较大，直径2.5cm，具扁平、分叉的柔刺；叶柄较长，约1cm	疣果豆蔻
6	果实较小，直径2cm以下，具刺状或分叉的柔刺，叶柄较短或近无柄	
7	花序为总状花序，总花梗长达30cm，花冠裂片黄色	长序砂仁
7	花序为穗状花序，总花梗长4～8cm，花冠裂片白色	
8	果实成熟时紫色或紫褐色	阳春砂仁
8	果实成熟时绿色	绿壳砂仁
2	果皮具波翅	
9	叶片基部渐狭，下延；下面密被白绿色柔毛；果皮具明显九翅	九翅豆蔻
9	叶片基部圆形或楔形，下面无毛；果皮具十余条波状狭翅	香豆蔻

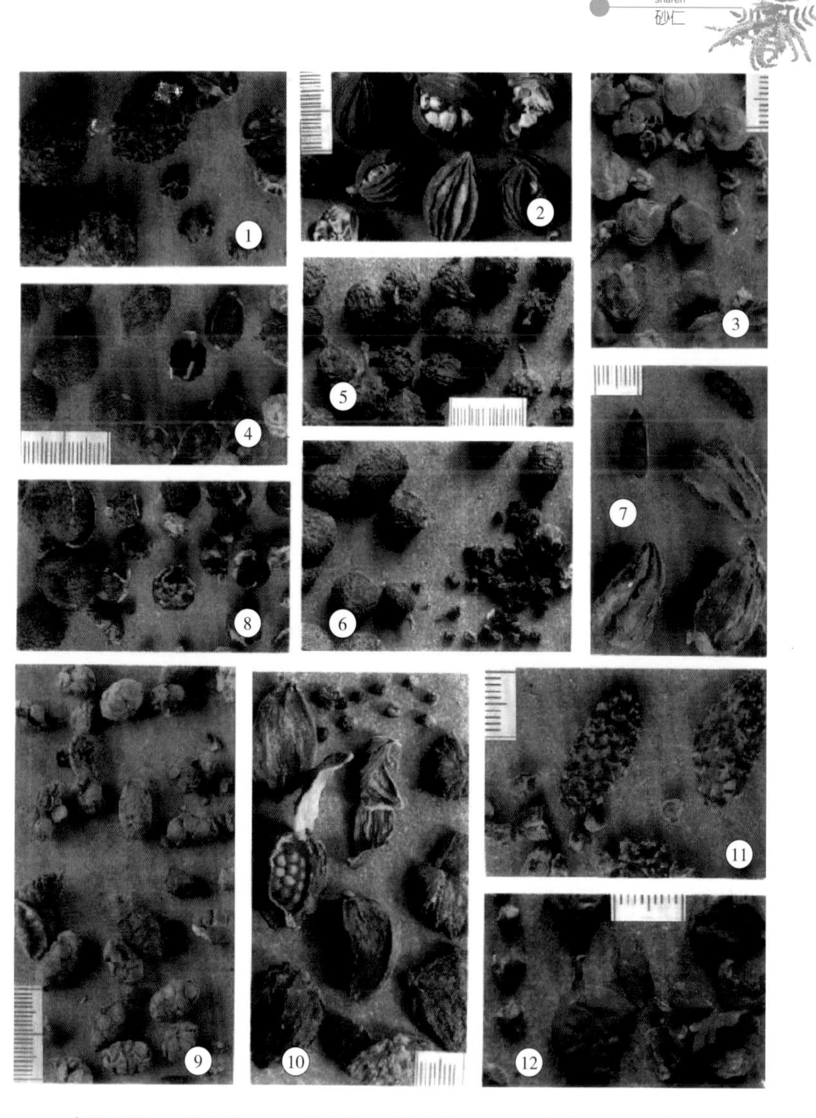

1.疣果豆蔻　2.艳山姜　3.华山姜　4.海南砂仁　5.红壳砂仁　6.砂仁
7.九翅豆蔻　8.绿壳砂仁　9.山姜　10.香豆蔻　11.长序砂仁　12.箭杆风

图2–8　砂仁类药材

三、药材性状特征

阳春砂仁、绿壳砂仁呈椭圆形或卵圆形，有不明显的三棱，长1.5～2cm，直径1～1.5cm。表面棕褐色，密生刺状突起，顶端有花被残基，基部常有果梗。果皮薄而软。种子集结成团，具三钝棱，中有白色隔膜，将种子团分成3瓣，每瓣有种子5～26粒。种子为不规则多面体，直径2～3mm；表面棕红色或暗褐色，有细皱纹，外被淡棕色膜质假种皮；质硬，胚乳灰白色。气芳香而浓烈，味辛凉、微苦。

这两种砂仁性状差异较小，但在果实上可区分。阳春砂仁果实多椭圆形或卵圆形，表面多红棕色；种子表面多粉红色至红棕色。

绿壳砂仁果实卵圆形或卵形，表面棕色或黄棕色，种子表面多淡棕色或棕色。

海南砂仁呈长椭圆形或卵圆形，有明显的三棱，长1.5～2cm，直径0.8～1.2cm。表面被片状、分枝的软刺，基部具果梗痕。果皮厚而硬。种子团较小，每瓣有种子3～24粒；种子直径1.5～2mm，气味稍淡。

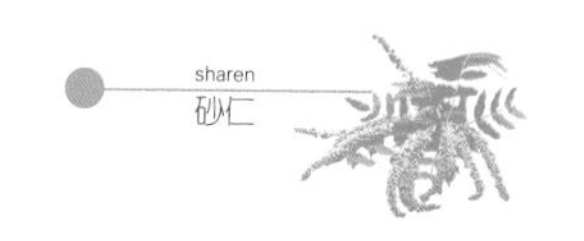

第三章　生物学特性

一、生长发育习性

砂仁属南亚热带季雨林植物，喜高温、湿润，年平均气温在19～22℃之间，年降雨量1000mm以上，年平均相对湿度80%以上。如遇短暂霜冻尚能忍耐，连续几天则出现冻害。花期要求空气相对湿度在90%以上，土壤含水量24%～26%，有利于开花结实。有分株生长

图3-1　阳春砂仁生态环境

习性。当植株生长到具10片叶时，从茎基部生长出匍匐地生长的根状茎，又称匍匐茎，然后在根状茎上再生长出直立茎，即第一次分生植株。这样不断地分生新株。每年老株枯死，新株再生，维持一个相对稳定的植株群体。

需要一定的荫蔽条件，但不同生长发育阶段对荫蔽度要求各异。幼苗需要以70%～80%荫蔽度为宜。到开花结果年限后，以50%～60%荫蔽度为宜。砂土或阴坡种植地，以60%～70%荫蔽度为宜。荫蔽度调节不当对生长影响很大。过阴，则花少，产量低；荫蔽太少，生长不良，易发生日灼病、叶斑病等。

（一）种子特性

砂仁种子的发芽能力同成熟度关系甚大，成熟的种子发芽率高，未成熟的种子发芽率低。种子的种皮由具有厚壁角质层的表皮细胞层、油细胞层等组成，所以透性差，种子不易吸水和呼吸而发芽。因此，擦薄种皮，提高其透性，能使种子提早发芽和发芽整齐，但要注意不能伤及外胚乳，否则易被微生物侵入危害，使种子丧失发芽力。果实经曝晒或烘熏，会使种子丧失发芽力。

种子在适宜的温度、湿度和通气条件下发芽。种子播种后，吸水膨胀，在日平均气温26℃左右时，于播后约20天，胚轴突出发芽孔，呈圆柱状，向下萌发幼根和侧根，以吸取土壤中水分和养分。再经数天，胚芽向上萌发，锥状，外为芽鞘包被。此时，胚轴也不断伸长

而使幼芽出土，吸器也随之伸长，连接幼芽与胚乳。因此，播种不宜过深，以利幼芽出土，芽鞘开裂，长出第一片绿叶，成为绿色的幼苗。

幼芽萌发后，一方面通过幼根从土壤中吸收养分，一方面吸收胚乳的营养物质。内胚乳约于苗长1~2片叶，外胚乳约于苗长3~5片叶后基本耗尽。因此，必须适时施稀薄粪水，以保证幼苗有充足的养分。

（二）植株生长特性

幼苗生长到具10片叶，高约15cm时，开始分生匍匐茎，匍匐茎以后生长成直立茎，构成一次分生植株。当这次分生匍匐茎，顶芽向上生长10天左右时，在它的前端又萌发下一次匍匐茎，一般有两条能够生长成直立茎。如此不断分生，进行增殖。分生植株，一次比一次高大，直至达到一定高度后，才相对稳定下来。分株苗

图3-2　绿壳砂仁果序着生环境

图3-3　绿壳砂仁果序着生环境

定植后，也同样不断分生植株。一些产区将联结在一起的各次分生植株取名为株系，将大片相连或交错在一起的株系叫作群体。一次分生植株的生长，可分为匍匐茎伸长期、出笋期、幼苗期、壮苗期、老苗期和匍匐茎宿存期。

（1）匍匐茎伸长期：从匍匐茎萌发至顶芽开始向上生长为匍匐茎伸长期。匍匐茎萌发以7~9月最多。春季至秋季萌发的匍匐茎，历期50~90天；秋末至春初历期180天左右。

（2）出笋期：匍匐茎顶芽向上生长至第1片也出现前为出笋期。4~5月份和10~11月份出笋最多。夏季出笋期为20天左右，冬季为90天左右。

（3）幼苗期：植株生长1~9片叶时为幼苗期。夏季历期50天左右，冬季90天左右。

（4）壮苗期：植株具有10片叶以上至出现顶叶，直立茎基部膨大形成球状茎，至下一次分生植株长成直立茎时为壮苗期。历期300~420天。

（5）老苗期：顶叶出现直立茎枯死为老苗期。历期90~210天。

（6）匍匐茎宿存期：直立茎枯死，匍匐茎存活至枯死为匍匐茎宿存期。历期差异较大，有的30~60天，有的长达300多天。

生产上按不同季节将生长的幼苗分别称为春苗、夏苗、秋苗和冬苗。夏苗生长较快，1个月可生长4~5片

叶；冬苗生长较慢，1个月约长1片叶左右。出现顶叶的植株，一般具有22~40片。

在匍匐茎伸长和形成笋的同时，从匍匐茎和笋基部萌发不定根，主要起吸收养分的作用；由笋基部萌发的不定根生长较为粗壮，主要起支撑作用。这些不定根分布较浅，一般在30cm左右，最深的有50cm，但以15cm内较密集。

匍匐茎的生长具有一定的向光性和较强趋水性，向边缘方向，尤其是向地势低、土壤潮湿的地方生长的趋向更为明显。

在种植二到三年内，植株增殖较快，枯死较少；植株进入开花结果期，增殖逐渐变慢；以后，新老植株更替，群体保持相对的稳定。此时，一株系一般具有7~8次分生植株，其中有3~5株直立茎。

（三）开花与结果

砂仁定植后，一般2~3年后开始开花结果。花序诞生于匍匐茎前端约12cm内的节上，每年萌生1~2个，多者3~5个。第一年萌生在稍后的节，次年在前端的节或球状茎基部萌生。植株开花结果多少一般与苗龄及植株长势有关。壮苗、老苗开花结果较多，幼苗、弱苗开花结果较少。

1. 花的发育

花的发育大致可分为花芽分化期、花的形成发育期、开花期。

图3-4　砂仁花序着生环境

（1）花芽分化期：一般在10月至次年2月，自匍匐茎节上的细胞分化成花芽原始体后，至花期萌生0.1~1cm时，为花芽分化期。

（2）花的形成发育期：

一般在2~4月，花芽进一步发育成具有10多花的花序时，为花的形成发育期。其过程又可为：

①花原基的分化：花芽长0.5~1cm，外具鳞片11~14片，花序的生长锥基部多处突起，产生花原基，形成晶体状多球堆。随后花原基基部自下而上出现三道轮纹（以后发育成保护器官），花数基本稳定。

②保护器官和性器官原基的分化：花萼、花冠初步形成。雄蕊及唇瓣突起，半露于苞片上部，雌蕊尚未突起。花基本初具形状。

③雌雄蕊的形成：A. 花芽伸长具短柄（花轴），

花萼、花冠伸长，形成具三浅裂的花萼和三片狭长的花冠。雄蕊明显分化为两个椭圆形的花粉囊，雌蕊柱头逐渐伸长，从唇瓣间伸出。随后花芽呈“黄鳝头”状，雌蕊柱头呈倒梨形，柱头孔收缩呈半月形下陷，此为前期。B. 花柱基部出现2~3枚腺体，子房明显增大，胚珠发育呈无色晶体状，沿腹缝线排成三列，此为中期。C. 花芽进一步发育，花苞稍松散，花的各部发育近于完成，雌蕊柱头稍高于雄蕊，唇瓣迅速增大，子房及胚珠明显增大，此为后期。

（3）开花期：4月下旬至6月上旬花粉粒和胚囊成熟，花瓣开放，为开花期。个别有冬季开花现象但形不成果实。

2. 开花习性

花期气温在22℃，花正常开放。每个花序的花朵自下而上开放，每天开放1~2朵，多者3~6朵，5~7天开完。开花时间因天气、种植环境不同而异，一般在早晨6时左右开花，8~11时大量散粉，下午4时左右凋萎。如天气干旱则在下午1时左右凋萎，如遇阴雨天，则延迟至次日凋萎。如遇早晨气温较低，开花时间稍推迟，或不散粉。气温在20℃以下时，开花不正常，花粉较少，且不饱满。800~1000m海拔的山区，花期比海拔500~600m推迟25~30天，每天开花，散粉时间也较迟。

3. 果实及种子发育

（1）幼果形成期。花开授粉后3~5天，子房膨大呈

图3-5 阳春砂仁果序

幼果（直径0.35~0.45cm），表皮出现红斑和小突起。以后小突起逐渐长成柔刺，整个果皮呈鲜红色或紫红色（阳春砂仁特征）。幼果的生长以授粉后10~20天期间最快，约由直径0.60cm增至1.70cm左右。

（2）果实定型期。授粉后约25天，果实基本定型。约30天，胚珠和果肉充满室间，胚珠相挤，形成各种多角形。约40天，出现圆柱状的胚，以后内胚乳相继形成。80天左右，胚珠不断发育成种子，种皮颜色由乳白渐变成淡黄色、黄褐色至紫褐色。

（3）果实成熟期。授粉后约90天左右果实发育成熟。其特征是：果肉与果皮容易分离，果皮易开裂，果肉味由酸变甜，柔刺变软。种皮黑褐，种子坚实。

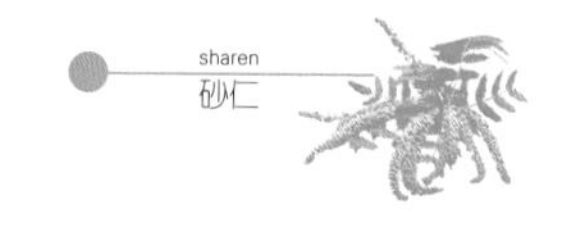

二、对土壤和养分的要求

砂仁是生长在热带、亚热带季雨林中的植物，在长期的演化过程中，形成了与温度、光照、湿度、地形、地势和土壤等生态环境相适应的习性。

种植砂仁的适宜海拔高度，一般以海拔500~1000m为宜；高海拔如1100m以上的山区，易受寒害，花期较晚，开花散粉的时间也推迟。云南西双版纳受热带季风的影响，气温较高，干湿季明显，在海拔800~1100m的地区种植，花期恰于雨季开始，雨期、蜂期、花期相对吻合，有利于开花结果。

山区的地势以一面开阔，三面环山，地形成畚箕形的坡地，坡度15~30度，坡向朝南或东南较为理想，如坡度太大，不便管理，水土容易流失，使匍匐茎裸露或悬空而影响生长。

砂仁对土壤要求不甚严，多种类型的土壤，甚至混有石砾的肥沃土壤都能种植。但以底土为黄泥，表土层疏松、腐殖质丰富、保水保肥力强的沙壤土为好。

三、对气候的要求(温度、光照、空气、水分)

1. 温度

温度是影响砂仁地理分布的主要因子之一。砂仁最适宜的生长温度为平均温度22~28℃，能适应短暂低温。气温下降至0℃左右或有严重霜冻时，直立茎受冻害死亡，但匍匐茎一般越冬后仍能分生植株。冬季气温稍低，抑制营养生长，促进生殖生长，使翌年花芽较多，但也抑制花芽分化发育速度。早春气温过低，花芽延迟萌发，致使花期也推迟。3月下旬至4月上旬，如昼夜温差较大（例如由20℃下降至7℃），会影响开花结果，要求温度在24℃左右。

2. 光照

砂仁是半阴生植物，喜漫射光，种植后2年内要求较大的荫蔽度，以60%~70%为宜，有利于植株的分生和生长。植株在光照适宜时，叶片平展，如缺乏荫蔽，在直晒的光照下，叶片边缘成波浪状或出现向上卷曲枯黄现象，直至叶片枯萎，甚至植株死亡。种植3年后，植株进入开花结果期，荫蔽度以50%~60%为宜。如荫蔽过大，植株徒长，开花结果少。

种植地荫蔽度的大小，地势、土质和灌溉条件等要协调配合。平坝地区，日照长，沙质土易干旱，荫蔽度宜大些；山区有涧流或山高谷深的地方，日照短，湿度大，荫蔽度宜小些。冬季需要保温，荫蔽度宜大；春季荫蔽度宜小，以利于花芽发育。

3. 湿度

砂仁与土壤和空气中湿度过大或过小都会影响其生长和发育。幼龄植株组织幼嫩，要求水分充足；成龄植株根系较发达，具有一定抗旱能力。从砂仁整个生长

发育过程来看，除花芽分化前期要求水分含量较少外，其余各时期均要求空气相对湿度在90%以上，土壤含水量25%左右。如土壤含水量在30%以上时，会引起根系腐烂而致死亡。但在长期有流水的山涧，通气条件好，植株可以正常生长。在长期干旱，土壤含水量在20%以下，植株矮小，株叶枯黄，生长发育受到抑制。

图3-6　阳春砂仁（干燥半成品）

第四章　栽培管理

一、选地、整地

宜植地的选择是关键。“四声俱备”是砂仁理想适宜种植地的条件，即：鸟儿叫、蝉儿鸣、蜂声绕、水声响，缺一不可。表土层深厚疏松、腐殖质多，坡向朝东、东南或南较好。切忌在土壤瘦瘠又没有水源的地方种植。砂仁的产量受环境条件的综合影响，因此，选择和创造一个良好的栽培环境，是获得高产、稳产的基础。

图4–1　海南砂仁（生态环境）

选地后，应根据地形、地势进行规划。先清理场地，疏去多余的荫蔽树、枝条、灌木，进行鱼鳞垦，将枯枝落叶压青，或施土杂肥改土，可以减少水土流失。在开花结果期，如雨水过多，应开沟排涝，如天气干旱，应引水浸灌。种植地周围的林木应予以保留，如树木较少要补种，有条件的地方可种植一些比砂仁早开花的果蔬，以引诱传粉昆虫。

二、选种与处理

（1）选种。种子呈不规则的卵形或块形，有棱角。较小的一端有凹陷的发芽孔，较大的一端为合点。重脊沿腹面呈一纵沟，背面平坦。种皮黑褐色，表面具皱纹。外胚乳白色、肥厚。种子成熟时，选择没有病虫害的丰产地段作为块选，再进行穗选、粒选，选择结果多、粒大、无病害、成熟的果穗或果实。

（2）种子处理。将选取的鲜果每天置于较柔和的阳光下晒2~3小时，连晒2天，然后剥弃果皮，加等量的细沙和少量清水进行舂擦，至有明显的砂仁香气时止，再用清水漂去杂质，取出种子，稍晾干后播种。经处理的种子较不处理的种子早发芽，且发芽比较整齐。

三、播种

（1）选地整地。育苗地以背北向南，通风透光，土壤湿润，灌溉方便，荫蔽良好的新垦地为佳。土壤以肥沃疏松、排水良好的沙壤土最好。育苗地应于播种前1个月开垦，临播种前几天把苗床整好。苗床畦宽1.3m、高16cm。土壤要整得泡松，墒面平坦，以利种子发芽成苗。苗床最好为东西走向，以沿床面搭设遮阴棚时，能有效地遮挡上午和下午斜射阳光的照晒。

（2）播种：采种后应争取在当年8月底、9月初播种。此时气温较高，种子发芽快，出苗率高，便于早成苗，次年5~6月份即可移苗定植。

播种前用木板压实经平整墒面，将种子均匀地点播或条播在墒面。点播每亩用种量500~600g，条播750~1000g，株行距7cm×13cm。播种后均匀地、薄薄地撒上一层细碎火烧土，覆盖有机肥或腐殖土，再覆盖一层茅草，以防雨水冲失种子和土壤板结。

（3）管理：播种后应根据天气情况淋水，保持苗床湿润。开始时苗床不必搭设阴棚，让阳光照晒提高土温，以利种子萌发。种子发芽后，搭设活动阴棚。棚高1米左右，荫蔽度70%~80%。冬季需要防寒，其他季节最好傍晚或阴天时揭开阴棚，以锻炼幼苗，幼苗长4~5片叶时，可结合除草，勤施稀薄的腐熟人粪尿，以助砂仁苗生长。

（4）营养：植物生长发育过程汇总各元素对砂仁的生长均起着重要的作用，缺少任何一种元素，阳春砂仁幼苗都会遭到不同程度的伤害，生长受到抑制。其中以

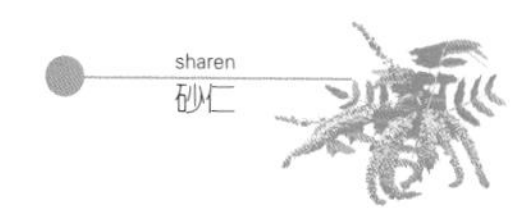

缺N、P、K、Fe 4个元素反应最为明显。缺Ca和缺Mg则出现徒长现象，植株纤弱，干物质积累少，根系发黄、受抑制明显。其他元素缺乏时，症状没有特别显著，但均出现不同程度的黄化和脱落等现象，顶叶提前长出，生长接近停滞（各种元素缺乏引起的情况见表4-1）。

表4-1　阳春砂仁苗期缺素症状检索表

检索号	描述	缺素症状
1	先从老叶发病	
2	病症常遍布整株，老叶干焦、死亡	
3	自老叶向上部叶片变黄，植株矮小，茎细弱，叶片小	缺N
3	植株暗绿色，中部和基部叶片叶脉间出现不规则缺绿，有黄晕状斑点；植株矮小，茎细弱，叶片小	缺P
3	植株淡绿色，基部叶片叶尖缺绿、枯萎；脉间褪绿，叶脉仍残存绿色	缺Mo
2	病症常限于局部，杂色或失绿	
3	叶脉间呈网眼状斑点，叶片上有坏死斑；后期老叶黄化，叶尖枯死卷曲；植株纤弱，徒长明显	缺Mg
3	初期老叶叶尖黄化，后由叶缘向叶脉间逐渐黄化，后期叶尖、叶缘黄化部分干枯，呈水浸状坏死，近叶柄处叶脉残留着浓绿色，与黄化部分形成明显的对比。植株矮小，茎细弱，叶片小	缺K
3	叶片上有坏死斑，中部和基部叶片常向下弯曲，与茎近垂直。后期老叶变细，部分老叶畸形扭曲	缺Zn
1	先从幼叶发病	

续表4-1

检索号	描述	缺素症状
2	顶芽死亡，幼叶变形和坏死	
3	幼叶叶尖或叶缘呈白色透明状，后卷曲成钩状。植株纤弱，徒长明显	缺Ca
3	叶片从叶缘向内逐渐黄化，形成较大的黄色区，但叶脉仍保持绿色	缺P
2	顶芽仍活但缺绿或萎蔫	
3	叶全部变白，叶尖焦枯；老叶由叶尖、叶缘向脉间逐渐变白；植株瘦弱幼	缺Fe
3	叶片均匀褪绿，整株叶片黄化，叶脉失绿，无坏死斑	缺S
3	幼叶萎蔫，卷曲，叶缘和叶尖呈白色枯死，老叶轻微褪绿	缺Cu
3	幼叶不萎蔫，叶脉间缺绿，叶脉仍残留绿色	缺Mn

四、田间管理

1. 栽培

砂仁田间管理是砂仁生产获得高产、稳产的基础。目前，云南西双版纳州砂仁平均亩产5kg左右，提高产量的潜力很大。

（1）选地与整地

选地：选土壤肥沃且保肥力强，湿润且保水性好、排灌方便的种植地，山谷、山坡、平地均可，宜选砖红壤、红壤及符合条件的土壤。

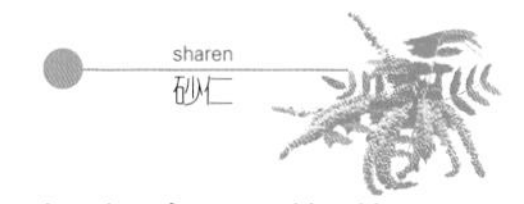

整地：除杂草，根据荫蔽情况，砍除多余的荫蔽树或补种，按1~1.3m株行距挖30cm × 20cm × 20cm的种植穴，平原地应开沟起畦。考虑附近栽种果树，以吸引昆虫传粉。

（2）定植

以每年4~5月份定植最好，这时天气温暖，湿度大，不但定植后成活率高而且植株生长快。定植时，宜就近取种苗，随取随种，成活率高。凡长途运输的种苗应放置于阴湿处，经常淋水以免凋萎。一般采用0.8~1m的株行距定植，每亩需要种苗700~1000株。开穴时，前后行穴位交错成三角形。一般穴距30cm，宽20cm，深20cm，穴内施有机肥或腐殖土作为基肥。定植时，种苗的新生匍匐茎顶端露出土面，基部用脚踏实，穴面应低于地面，以蓄水保湿。定植后，用杂草或落叶覆盖穴面，天气干旱时，应当及时淋水或灌溉。

（3）田间管理

①未结果植株的管理：定植后1~2年内要勤除草，将锄下的杂草覆盖表土，保持土壤湿润，及时割除枯、老、病株。有条件的地方应经常灌溉。荫蔽度约70%为宜。

②结果植株的管理：定植后1.5~3年开始开花结果。对结果苗群的管理目的是使植株保持健壮，多开花结果。一般每年管理两次，即所谓“春管”和“秋管”。

春管：2月上、中旬进行割苗，清除枯枝落叶，调整荫蔽度，施肥，培土。春管应以抑制植株的营养生长，促进生殖生长，以花芽苗壮为主要目的。这时要割除枯、老、病苗，将枯枝落叶等一起清出场外。在湿度和荫蔽度大的地方，应调整荫蔽度为50%~60%，可疏伐一些荫蔽树或部分枝条，使之通风透光。春管施肥应以磷钾肥为主，如施火烧土、过磷酸钙、有机肥等，以利于花芽发育。

秋管：8~9月收果后进行割除老化过密植株，清除杂草，用以覆盖地面，以利保水。施肥要早，重施氮肥，以农家肥为主。可施火烧土或薄层培土，培土厚度约为匍匐茎粗的1/2~2/3。促进新分生植株生长，使健壮植株比例增大，施肥后如遇干旱应及时进行灌溉，以利于安全越冬，促进植株健壮生长。

③开花或不结果植株的管理，生势衰弱或陡长的植株都会出现不结果或开花结果少，要区别进行管理。植株生势衰弱是由于消耗大量养分后忽视管理，特别是没有施肥培土引起的。在4~5月植株生长季节，加强田间管理，勤除草，多施肥 ，使植株生长健壮，为以后开花结果打下基础。陡长苗群是由于肥水比较充足，或荫蔽度太大造成的。对这种植株应疏除荫蔽树，割去部分植株，开通风透光道，推迟秋管割苗，增施磷钾肥。

④衰退植株的更新。砂仁如管理不善，苗群于种植后的6~7年则开始衰退，分生植株一次比一次纤弱矮小，产量下跌甚至无收。这种现象在土壤较差的砂砾场地更

为明显。衰退原因主要是植株得不到足够的养分恢复长势。更新方法是割除衰老、瘦弱、病枯植株，清除枯死的匍匐根茎，锄松空隙地，加施有机肥并进行补种。4~5月份幼苗大量萌发，及时追施人粪尿，使幼苗大量生长，争取第二年开花结果，第三年再进入盛产期。对于植株严重衰退，土壤板结的种植地，可以整片全垦，进行改土，重新种植。

（4）荫蔽树

荫蔽树的选择应因地制宜、就地选材，根据当地日照时间、海拔、地形、地势因素综合考虑。如计划在杂木林的丘陵地或平坝种植，开垦时应保留叶片细小、易于腐烂、树叶稀疏、树冠开阔、根深的豆科树种及其他中、小型常绿树种，将其他杂木砍去。荫蔽树是砂仁越冬的自然屏障，所以应选择冬天不落叶的树种。原则上先种荫蔽树，后种砂仁。日照时间较长的平坝地区种植地或沙质偏重的土地容易失水，荫蔽树可多种些；山谷、涧流两侧日照时间短，荫蔽树可少种些。

五、砂仁的传粉

1. 花器结构对传粉的影响

砂仁是虫媒花植物，花的形态结构较特殊，不易授粉，其主要原因是：雌雄蕊半包于唇瓣内，花粉囊开裂面与唇瓣相贴，花粉囊散粉时不易被一般昆虫采访。花柱夹在花药之间，柱头高于花药，花粉很难落到柱头上。花粉粒表面有刺状突起，彼此容易粘连，同时由于花着生在近地面阴湿的环境，花粉不易散播。因此，除某些采访习性与相适应的传粉昆虫外，一般昆虫不能进行传粉，造成砂仁自然结果率低。

2. 昆虫传粉

经试验观察，采访砂仁花的昆虫种类有飞翔类和爬行类，起良好传粉作用的蜂类为排蜂、无刺蜂，其采蜜习性与砂仁花的结构相适应，传粉效果较好。排蜂、无刺蜂一般于5月中、下旬即砂仁盛花后期至末花期出巢活动。蜂采蜜时从唇瓣与雌雄蕊间钻入，采蜜后，后退而出，如此进出花朵采蜜，将附着在它胸背的花粉传导柱头上。蜂的频繁采蜜，起到良好的传粉作用。因此，排蜂、无刺蜂的活动对提高砂仁的自然结果率有很大的影响。

六、落果及其预防方法

1. 落果时期

砂仁的落果主要发生于幼果期，一般于开花授粉后15天左右出现，大小在1cm以下。幼果迅速增大，种子的外胚乳由液态转变为细胞型后一般不再脱落。落果在开花高峰期后10天左右开始，形成一次落果高峰，一般于6月上旬前后，在开花高峰期后20天或花期结束后7天达到落果高峰。落果持续期约15天，但以高峰期的7天左右最为严重。

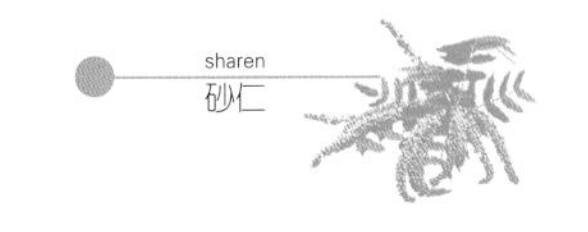

2.落果的分布和部位

始花期形成的幼果很少脱落，坐果率较稳定，盛花期、末花期形成的幼果落果较多，约脱落50%。由于盛花期开花多，结果亦多，因此其落果数量尤为显著，成为整个落果量的主要部分，约占70%左右。

3. 不同生势的植株落果现象

进入结果期1~2年的植株苗壮、生长整齐、健壮老苗较多、匍匐茎完整的植株群落果较少。经多年结果、植株纤弱、植株分生少、匍匐茎受到损伤，或幼苗较多、有陡长现象的植株群落果较多。

4. 不同环境条件的落果现象

在环境条件诸因素，以水分和湿度为最敏感，小气候空气相对湿度80%以上，土壤含水量为25%~27%时，有利幼果正常发育。土壤含水量高于28%时落果严重；天气干旱，长期空气相对湿度太低时，落果亦严重。

图4-2　阳春砂仁果序

5. 防治落果的主要措施

（1）认真搞好栽培管理，培育健壮的植株群，这是预防落果的根本措施。

（2）进行根外追肥。盛花期后幼果大量形成，需要更多的营养物质。进行根外追肥，对防治落果有一定的作用。生产实践均证明以含过磷酸钙3%、硫铵0.1%的浸出液作根外追肥效果较好。

（3）根外追肥要与喷施植物激素相配合，如在末花期喷施植物激素，可于喷前数日进行根外追肥，使植株受到激素作用时，能有充足的养分输向果实。追肥宜于下午或阴天进行，将配好的溶液均匀地喷施于叶面。

及时搞好排灌，有条件的种植地最好开排灌沟，以防积水淹没果实。幼果大量形成后，如天气偏阴多雨时，应及时排水，无雨时，应及时浸灌或喷水，以利幼果的发育。

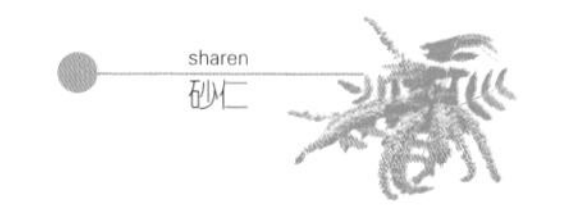

第五章　农药使用及病虫害防治

一、农药使用准则

表5-1　中药材GAP生产中禁止使用的农药种类

种类	农药名称	禁用原因
有机氯杀虫剂	滴滴涕、六六六、林丹、艾氏剂、狄氏剂	高残留
有机砷杀虫剂	甲机砷酸锌（稻脚青）、甲机砷酸钙胂（稻宁）、甲机砷酸铁铵（田安）、福美甲砷、福美砷	高残留
有机汞杀虫剂	氯化乙基汞（西力生）、醋酸苯汞（塞力散）	剧毒、高残毒
卤代烷类熏蒸杀虫剂	二溴乙烷、环氧乙烷、二溴氯丙烷、溴甲烷	致癌、致畸、高毒
无机砷杀虫剂	砷酸钙、砷酸铅	高毒
有机磷杀虫剂	甲拌磷、乙拌磷、久效磷、对硫磷、甲基对硫磷、甲胺磷、甲基异柳磷、治螟磷、氧化乐果、磷胺、地虫硫磷、灭克磷（益收宝）、水胺硫磷、氯唑磷、硫线磷、杀扑磷、特丁硫磷、克线丹、苯线磷、甲基硫环磷	剧毒、高毒
氨基甲酸酯杀虫剂	涕灭威、克百威、灭多威、丁硫克百威、丙硫克百威	高毒、剧毒或代谢物高毒

续表5-1

种类	农药名称	禁用原因
二甲基甲脒类杀虫杀螨剂	杀虫脒	慢性毒性、致癌
氟制剂	氟化钙、氟化钠、氟乙酸钠、氟铝酸胺、氟硅酸钠	易产生药害
有机氯杀螨剂	三氯杀螨醇	产品中含滴滴涕
有机磷杀菌剂	稻瘟净、导稻瘟净	高毒
取代苯类杀菌剂	五氯硝基苯、稻瘟醇（五氯苯甲醇）	致癌、高残留

二、病虫害防治

砂仁的病虫害，主要有苗疫病、叶斑枯病、果疫病和黄潜蝇。

（一）病害

1. 苗疫病

苗疫病是砂仁播种育苗期普遍发生的一种严重病害。

症状：发病初期嫩叶尖或叶缘出现暗绿色不规则的病斑，随后病斑扩大，颜色变深。病部变软。叶片似开水烫过，呈半透明状干枯或水渍状下垂而粘在茎秆上。严重时，病虫从上而下迅速蔓延到叶鞘和下层叶片。枯死的病株根系一般尚好。

发生特点：由真菌中一种藻类菌引起。但在发病过程中，往往还有细菌并发为害。病菌以菌丝及孢子附着于病叶残株上越冬，翌年4月开始发病。5~8月气温高，雨水较多，育苗地过于荫蔽，通风较差，小气候湿度大，低洼积水或过于曝晒时发病。少雨干旱、天气转凉后病害减轻。

防治方法

（1）选择排灌方便、土质疏松、通风较好、荫蔽度适中的树林下或平底作育苗地。

（2）育苗地播种前7天用2%福尔马林液喷洒畦面消毒。

（3）3~4月间调整荫蔽度，搞好排水，增施火烧土、草木灰。

（4）发病初期及时剪除病叶集中烧毁，然后喷洒1：1：300波尔多液或50%托布津可湿性粉剂1000倍液，每10天1次，控制病害发展。

2. 叶斑枯病

砂仁叶斑枯病终年均可发生为害。

主要于叶片和叶鞘发病。初期叶片出现水渍状、不规则的暗绿色病斑，以后迅速扩大变成褐色，边缘棕褐色，中间灰白色；潮湿时，病斑上布满黑霉层（分生孢子），叶片上常有数个或数十个病斑，扩大后相互融合，使叶片干枯。病斑多现在下层老叶，后逐渐向上侧叶片蔓延。发病严重时，全株叶片受害干枯，随后茎秆

枯死，匍匐茎和根系枯烂。

发生特点：此病由真菌中一种半知菌浸染引起，病原菌以分生孢子及菌丝体在病叶残株上越冬。在适宜温度条件下，附在病叶残株的菌丝体产生分生孢子，随风飘散引起病害。通常在栽培管理不及时、土质贫瘠、植株缺肥、土壤酸性偏大、种植场地过于曝晒或长期阴湿积水、植株群长势差的情况下容易发病，特别是冬季干旱，寒害后发病尤为严重。

防治方法：

（1）发病区在收果后结合割枯老苗清除病株集中烧掉，以消灭越冬菌源。

（2）搞好田间管理，保持适宜的荫蔽度，增施草木灰、过磷酸钙。冬旱期间要适时灌水，使植株长势健壮，增强抗病能力。

（3）发病初期用50%托布津或50%代森铵1000倍液喷治，每隔10天左右喷一次，至病害不再扩展为止。

3. 果疫病

果疫病是砂仁普遍发生的一种果实病害，为害颇为严重。

症状：病菌侵害果实及果序。贴近地面的果先发病。初于果皮出现淡棕色病斑，后扩大至整个果实，使之变黑、变软、腐烂，果梗受害后呈褐色软腐状。在潮湿环境下，患部表面生有白色绵毛状菌丝。

发生特点：由真菌中一种藻状菌引起。病菌以菌丝

或孢子随被害部在土种越冬，翌年气温回升后繁殖，随雨水流淌传播。贴近地面的果实感染后发病。

高温高湿连绵阴雨时，在植株密度大、通风透光较差、低洼积水处发病较严重。

防治方法：

（1）果实开始发病应及时把病果收获加工，减少病原菌的传播。

（2）6～8月注意排水，增施草木灰、增强果实抗病力。

（3）用竹或拉绳，把苗群分隔出通风道或每10～15株圈成一束，改善通风透光条件。

（4）6～8月收果前，用1∶1∶500倍波尔多液或50%托布津或多菌灵1000倍液喷治，每10天1次。这对控制该病的发生流行，有很好的效果。

（二）虫害

黄潜蝇又名钻心虫。

1. 为害症状

幼虫主要蛀食幼笋，使生长点受害，停止生长或腐烂，造成枯心。

2. 形态特征

成虫体形较小，全身灰褐色，有金属光泽；触角灰褐色；复眼红褐色；腹面黄白色，胸部两侧各有一乳白色的斑点；翅长超过腹部，前后翅透明。卵：白色，椭圆形。幼虫体白略带淡黄色，呈半透明，头部极小，口器前端为一极小的针状物，腹足退化，尾端很小，形似粪蛆。蛹乳白色或红棕色。

生活习性：一般5～6代，有明显的世代交替，幼虫在土壤中越冬，翌年3～4月间出现成虫，产卵于幼笋尖端。卵孵化后，幼虫蛀入幼笋内取食，很少为害幼苗，在食料缺乏时，可转株为害。老熟幼虫于枯心笋中化蛹，化蛹前钻入植株幼苗或在6～7月或地势较高的种植地发生较重，反之较轻。

防治方法：

（1）及时剪除被害幼笋，集中烧毁。

（2）加强检查，于成虫盛发期、卵盛孵期喷药，可用40%乐果喷治，每隔5～7天1次，连续2～3次。

除上述病虫害外，还有生理性叶枯病和田鼠等的为害。前者主要是荫蔽度小或干旱引起，后者田鼠在土中咬食根芽。因此，搞好防旱和保持适宜的荫蔽度，可以预防或减轻。田鼠主要为害花果，可根据当地情况采用毒饵、鼠夹、鼠笼等方法防治。

第六章　采收与加工

一、采收

砂仁果实由鲜红色转为紫红色，种子由白色变为褐色和黑色，坚硬，有浓烈辛辣味时，即为成熟果实。砂仁果实的成熟期，因种植区的气候不尽相同，而有先后之别，一般于立秋至处暑前后收获。在山区从山下向山上进行收果。用小刀或剪刀将整个果序采下，切不可用手摘以免扯破匍匐茎的表皮，影响次年开花结果。收果时最好几个人或十余人并排进行，每人负责采摘的范围不宜太宽。平坝地区则分行分畦采摘。为了防止遗漏，可另组织人员检查重复采收一次，做到颗粒还家。收果时注意不要压倒植株及踏伤匍匐茎。收果后，再将过长的果序柄齐果剪去。果实一般分

图6-1　阳春砂仁（新鲜果实）

为两级：

一级鲜果：果大成熟均匀，果皮红褐色；果呈球状，柄短；种子黑褐色，味辛辣；无壳、杂质。

二级鲜果：果大小中等，成熟度比一级稍差，抽检果实的未成熟白色种子占20%～50%，辛辣味较淡。

二、初加工

目前在云南加工方法有两种，即烘烤法和晒干法。烘烤法的优点是成品质量好，果皮深棕褐色紧贴种子，种子成团，味辛辣，果肉不易发霉变质。缺点是必须集中加工，鲜果运输麻烦，如不能及时烘烤，果实堆放时间长后，易腐烂。晒干法的优点是加工比较简单，可分散加工。缺点是成品果皮膨胀，颜色淡褐，种子松散。剥去果皮晒干或烘干后即为净砂仁，在加工过程中翻动时应轻拿轻放，以防散粒。

1. 烘烤法

（1）小土灶烘烤。此法适宜砂仁产量不多的农户使用，用活动铁筛在隔有铁皮（无明火）的土灶上烘烤，不易腐烂。

（2）烘烤炉。炉灶高1m，长3m，开炉口3个，炉口高30cm，宽50cm。炉的上面开敞，间有数条竹（木）横架。上置焙筛，焙晒可用竹或铁丝编织，筛眼直径0.5cm，筛深15cm左右。加工过程分杀青、压实、复火三个工序。

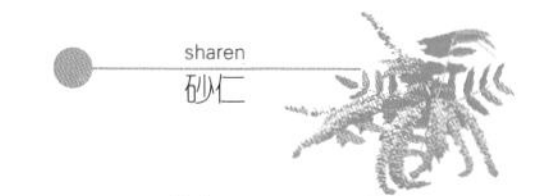

杀青：焙筛盛鲜果厚约10cm，摊平，置于炉上，盖上湿麻袋，炉火加湿谷壳发烟烘熏24小时。

压实：将经烟熏、果皮收缩变软的果实装入竹箩或麻袋，轻轻加压一夜，使果皮与种子紧贴。

复火：将压实的果实放置筛上摊平，重放炉上用木炭火烘焙，经常翻动。一般控制于60℃以下，烘培6～8小时，最后烘干包装。如稀释回潮，可再复火焙干。

烘房烘烤。此法适宜砂仁产量较多的农户使用，采用大小不等的马蹄形回风灶，暗火烤房，室内又多层木架，以放烘烤砂仁等铁筛，可根据砂仁等干湿度调整铁筛等上下层次，一般24小时即可烤200～500kg。

有橡胶加工厂等种植区可委托烤胶房用烤胶机烘烤，或用茶叶烘干机烘烤，但成本较高。

2. 晒干法

晒干法较简单，只有杀青和晒干两道工序，但晒干所花时间较长。主要设备是杀青木桶，木桶底宽顶窄，高1m多，底部直径50～60cm。用铁丝网做底，每桶可盛砂仁50kg。加工时，先将杀青木桶至于熏烟灶，后装入砂仁果，用湿麻袋盖密桶面，以半干湿的柴升火熏烟，至砂仁果“发汗”（即果皮布满小水珠）时，取出摊开放在竹筛或晒场晒干。砂仁宜箱装，干燥处储藏。

三、质量规格

净砂仁以身干、颗粒大，坚实饱满，气味香辣而浓

郁为合格。

壳砂果实长圆形略呈三棱状，表面棕褐色。有许多小柔刺，体质轻泡，种子团较紧凑，味辛凉，微苦。无空壳、果柄、霉变为合格。

四、包装贮藏运输

用麻袋（应清洁、干净，无污染，无破损，符合药材包装质量的有关要求），或用洁净新的塑料编织袋。在每件货物上要标明品名、规格、产地、批号、包装日期、生产单位、执行标准，并附有质量合格标志。贮藏于阴凉干燥处。

图6-2　阳春砂仁商品

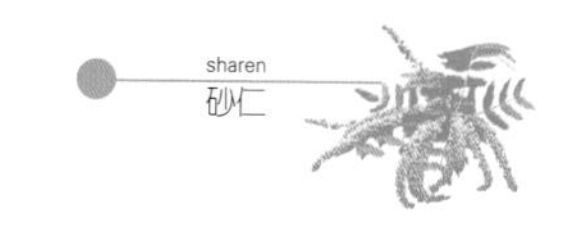

第七章　应用价值

一、药用价值

砂仁以成熟干燥的果实入药，味辛，性温，无毒，归脾、胃、肾经，具有温胃健脾、理气化湿、温中止呕、安胎等功效，常用于湿浊中阻、胃纳呆滞、脾胃虚寒、腹泻呕吐、妊娠恶阻、胎动不安等症。自唐代以来，我国诸多史书均有记载，砂仁在我国已有1300多年的应用历史，是中医配方用药，中成药生产的常用药。据1985年《全国中成药产品目录》统计，以砂仁为主要原料的中成药有104种之多，如：保济丸、胃肠宁（胶囊、片、颗粒）、定坤丹、参苓白术散、香砂养胃丸、香砂六君丸、人参健脾丸（胶囊、片）、追风丸、当归调经丸（片）、国公酒等。

本品气味芳香，善入脾胃，长于化湿醒脾，行气和胃，温中散寒，为化湿行气，醒脾和胃之良药。适用于湿浊阻中，脘腹胀痛，食少纳呆，呕吐腹泻之证 。常与白豆蔻等化湿药同用，以增强化湿行气之效。而本品又长于行气温中，故对于寒湿气滞者尤宜。若寒湿内阻，脘腹胀闷冷痛，食少腹泻，常与草豆蔻、干姜等温中、

化湿药配伍 。若脾胃气滞，脘腹胀满作痛，常与木香、枳实等行气除胀止痛药配伍。若脾虚气滞，食少纳差，脘腹胀闷，常与补气健脾药配伍，如《张氏医通》香砂六君子汤，常与党参、白术等药同用。

本品善于温脾暖胃，利气噎嗝，并能止呕、止泻，故适用于脾胃虚寒之吐泻证。治中焦虚寒，胃气上逆所致的脘腹冷痛，呕吐、呃逆者，常与干姜、半夏等温中止呕药配伍。治脾胃虚寒，清浊不分，腹痛泄泻者，可单用，如《小儿卫生总微论 》缩砂散，以本品为末拌猪肚服，治小儿滑泻，脱肛；也常与白术、干姜等温脾药配伍。若治湿伤脾胃、升降失职，吐泻腹痛，本品又能化湿醒脾，止吐止泻，常与藿香、半夏、木瓜等化湿和中、降逆止呕之品配伍。

【配伍应用】

配蔻仁，砂仁香窜而气浊，散寒力较大，功专于中下二焦，暖胃燥湿，引气归元(肾)，适宜于寒湿积滞，寒泻冷痢，又有安胎作用；白蔻仁芳香而气清，温燥之性较差，功专于上中二焦，和胃止呕，适宜于湿浊阻胃之呕哕、呕逆，并能宣通肺气。两药配用、宣通三焦气机，芳香化浊，醒脾和胃，行气止痛，俱能治湿浊内蕴，胃呆纳少，气滞胸闷，脘腹胀痛，反胃呕吐等证。

配青陈皮，砂仁辛香性温、有醒脾和胃，行气宽中之效。青皮性猛，偏于疏肝破气，消积化滞；陈皮性缓，偏于健脾行气，燥湿化痰。二药合用，理气止泻，

治脾胃气滞，胸腹胀满，消化不良及湿阻脾胃之泄泻，痢疾。

配佩兰，砂仁香浓气浊，燥湿之性较强，有化湿醒脾、行气宽中，安胎之效。佩兰气味芳香，功专清肺开胃，化湿悦脾，理气。两药配用，芳香悦脾，可用治湿阻气郁，恶心呕吐，食欲不振，胸腹胀满，治胎动不安等证。

配冬葵，冬葵子有催乳之功，可有滑肠作用，配砂仁行气和胃、可增进食欲、加强营养吸收。故两药配用，有行气下乳之效，可治乳少气滞胀满疼痛诸证。

配熟地，砂仁行气调中，醒脾开胃，又助消化，并能引气归肾，兼有温肾安胎作用；熟地补血生精，滋肾养 肝，久服易腻嗝，宜用砂仁拌(或佐用少许砂仁)。两药配用，砂仁既免除熟地滋腻碍胃之弊，又可引熟地归肾，此谓一举两得。

配黄芩，砂仁与黄芩、二者性味功效迴异，然均有安胎之功。砂仁辛温理气之品，和气机而安胎孕；黄芩苦寒清热之品，降火凉血而安胎孕。二药同用，寒温相合，气血配对，可使枢轴回旋，升降复取，热泄气和，而成安胎 之妙用。正如《药鉴》：“佐黄芩，为安胎之妙剂也”。临床用 于胎热上冲所致的胎动不安。

配木香，两药均是芳香，辛散温通之品，功效相同，皆有治疗脾胃气滞，食积不化之功。但砂仁偏于醒脾 和胃，木香偏于调中宣滞，两药配用，治疗脘腹气滞

胀痛，消化不良，加强行气止痛之功。正如《本草汇方》："与木香同用，治气病尤速"。

二、食用保健价值

砂仁用作香料，稍辣，其味似樟。在东方是菜肴调味品，特别是咖喱菜的佐料。

1. 砂仁蒸鲫鱼

主料：鲫鱼300g，砂仁5g。辅料：芝麻油适量，食盐适量，生姜汁适量，淀粉适量。

方法：新鲜鲫鱼一条，宰杀干净备用。玉米淀粉、生姜汁与砂仁准备好备用。

将砂仁研碎，放入小碗中，加入芝麻油和食盐调和均匀备用。将调好的砂仁料均匀地抹在鲫鱼的腹腔内。取适量的淀粉，将鱼腹开口处抹上，省得料汁外流。将处理好的鲫鱼放入蒸鱼盘中。放入蒸锅大火水开后转中火蒸。蒸熟，即可食用。

2. 砂仁蒸鸡

主料：鸡肉400g，砂仁15g，枸杞10粒。辅料葱适量姜适量，盐2g，绍酒15ml。

方法：鸡洗净，鸡肉剁块，放入锅中焯水，去血沫；砂仁10粒左右，拍碎，最好研磨成粉；将焯过的鸡肉倒入气锅中，再下入葱、姜、盐、绍酒、枸杞，最后均匀地洒上磨好的砂仁，然后放在蒸锅里蒸半小时，即可食用。

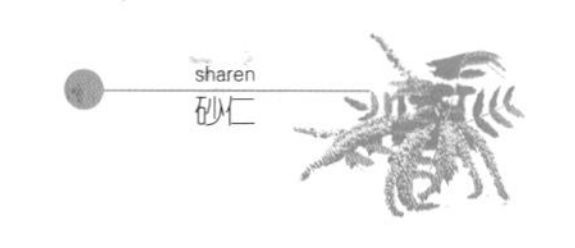

3. 砂仁炒鳝丝

主料：鳝鱼300g，韭黄200g，香葱1棵，老姜3片，蒜2瓣，调料：砂仁5颗，绍兴黄酒2汤匙（30ml），高汤2汤匙（30ml），生抽，油各1汤匙（15ml），盐1茶匙（5g），糖2茶匙（10g），白胡椒粉1/2茶匙（3g），芝麻香油1茶匙（5ml）。

方法：鳝鱼从市场买回时请店家代为宰杀去骨。去骨鳝鱼斩去头尾，用流动水冲洗干净血水和黏液，先切成5cm的段，然后再切丝。老姜切丝。香葱切段。蒜拍碎，切成蒜末。韭黄洗净，切成4cm长的段。大火烧开煮锅中的水，放入鳝丝氽烫至水再次沸腾，捞起沥干水分备用。大火加热炒锅中的油至6成热，投入砂仁、香葱段、老姜丝和蒜末，煸炒至散发出香味，然后投入焯过的鳝丝翻炒均匀。炒锅中加入绍兴黄酒翻炒1分钟，然后加入韭黄段翻炒至韭黄段变软，加入生抽，盐，白砂糖翻炒均匀，加入高汤加盖焖2分钟。最后撒入白胡椒粉翻炒均匀，出锅前淋上芝麻香油即可。

4. 砂仁白术陈皮煲

主料：白术25g、砂仁6g、陈皮1/3个、猪肚1个、生姜5片。方法：春砂仁敲碎，余各药物稍浸泡，猪肚洗净，翻转，以生粉反复揉擦，再洗净，切块，除春砂仁外，将各汤料放入瓦煲，加入清水2500ml，文火煲约两小时，下阳春砂仁，片刻，调入适量食盐便可，此量可供4～5人食用，弃药渣，猪肚可捞起，拌酱油供佐餐用。

参考文献

1 国家药典委员会. 中华人民共和国药典[M]. 北京: 化学工业出版社, 2015: 253

2 中国科学院中国植物志编辑委员会. 中国植物志[M]. 北京, 科学出版社, 1981: 16(2), 110

3 徐国钧, 徐珞珊. 常用中药材品种整理和质量研究 (南方协作组, 第一册) [M]. 福州: 福建科学技术出版社, 1994: 606

4 曾亚军, 陈 训, 彭惠蓉, 等. 砂仁及其常见混淆品分类鉴别 [J]. 贵州科学, 2005, 23(3): 60.

5 赵红宁, 黄柳芳, 等. 不同产地阳春砂仁药材的质量差异研究[J]. 广东药学院学报, 2016, 32(2): 176.

6 张丽霞、彭建等, 不同营养元素缺乏对阳春砂仁幼苗生长的影响[J]. 云南农业大学学报, 2011, 26(5): 700~705